吴鹏——著　刘玥——绘

U0170909

出发!去太空!

卫星的十八般武艺

中信出版集团｜北京

图书在版编目（CIP）数据

卫星的十八般武艺 / 吴鹏著；刘玥绘. — 北京：
中信出版社, 2024.（2024.12重印）. -- （出发！去太空！）.
ISBN 978-7-5217-6699-8

I. P185-49

中国国家版本馆 CIP 数据核字第 2024KC2891 号

卫星的十八般武艺
（出发！去太空！）

著　者：吴鹏
绘　者：刘玥
出版发行：中信出版集团股份有限公司
　　　　　（北京市朝阳区东三环北路 27 号嘉铭中心　邮编　100020）
承 印 者：北京启航东方印刷有限公司

开　　本：787mm×1092mm　1/16　　印　张：3　　字　数：75千字
版　　次：2024年8月第1版　　印　次：2024年12月第2次印刷
书　　号：ISBN 978-7-5217-6699-8
定　　价：99.00元（全5册）

前言

"航天人的梦想很近，抬头就能看到；航天人的梦想也很远，需要长久跋涉才能实现。"

中国人的航天梦已行千年，从女娲补天、夸父追日开始，到今天"嫦娥"揽月、"北斗"指路……我们从浪漫想象出发，脚踏实地，步步跋涉，终于将遥远的飞天梦想变成了近在咫尺、抬头可望的现实。

其实，筑梦星辰离不开我们的基础物理学，是物理学为我们架起了向太空探索的阶梯。

"出发！去太空！"系列在向孩子们展示航天领域前沿技术成果的同时，也为他们介绍了这些科技成果背后的物理知识。全套书共 5 册，分别以火箭、卫星、飞船、探测器、空间站为主题，囊括了当今世界上各种先进的航天器。我们以中国当下最前沿的航天器为代表，在书中回答了孩子们好奇和关心的一系列问题。比如火箭发射时为何会腾云驾雾？卫星为什么不会掉下来？飞船返回地球时为什么会着火？航天员在空间站是否要喝尿？这些小问题的背后，其实也都蕴含着物理原理。

这一册我们将走近有着十八般武艺的人造卫星，它是我们探索太空的多面手，能够帮助我们导航、观测天气……在这本书中，我们通过一个旋转水杯的小实验，了解到卫星在太空中不坠落的秘密；一箭多星，让我们看到了卫星拼车上太空的新模式……这些知识不仅向我们展示了卫星运行背后的科学原理，还让我们了解了卫星与我们日常生活的密切联系。

我们希望这套书不仅能启发孩子从物理学的视角去认识世界、解决问题，更希望它能像一粒种子，在孩子心中种下"上九天揽月"的壮志，让未来的他们能有机会为"科技自强"写下生动的注脚。

什么是卫星？

第一章

我是地球，是一颗行星。我每时每刻都在围绕太阳转动。

不止你，还有很多朋友围着我转。

作为一颗恒星，我集中了整个太阳系 99.8% 的质量，能够产生巨大的吸引力。

哦！那有没有绕着我转圈的朋友呢？

恒星行星卫星口诀:

行星绕着恒星转,卫星绕着行星转。

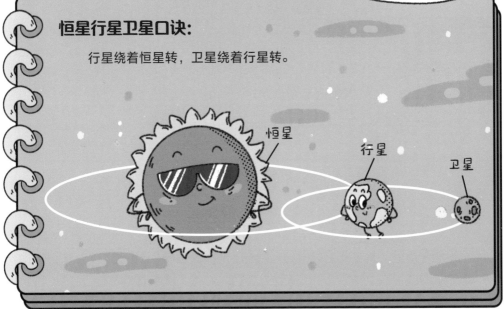

在太阳系里，并不是所有的行星都有自己的天然卫星，距离太阳最近的水星和金星就没有天然卫星。截至 2024 年 2 月，拥有最多天然卫星的行星就是土星。

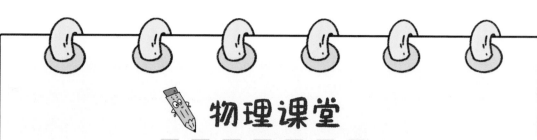

物理课堂

人造卫星都有哪些？

人造卫星是发射数量最多、用途最广的航天器。以下 4 种是较为常见的人造卫星。

你知道世界上第一颗人造卫星是哪颗吗？

1957 年 10 月 4 日，世界上第一颗人造地球卫星"斯普特尼克 1 号"在苏联发射升空，成为第一个进入太空的人造物体。

我是斯普特尼克 1 号，我在太空中运行了 92 天，绕地球飞行约 1 400 圈，行程 6 000 万千米。

自此，人类的航天时代正式开启。

铝合金外壳

鞭状天线

与地球联系

我是由两个铝合金半球壳体对接而成的，壳体内部充的是干燥氮气。

我还有 4 条大长腿——鞭状天线，2 根长 2.4 米，2 根长 2.9 米。

我的天线可以向地球发出信号，让我的太空之旅不寂寞！

 你知道中国第一颗人造卫星是哪颗吗？

1970 年 4 月 24 日，中国的第一颗人造地球卫星"东方红一号"发射升空，使中国成为继苏、美、法、日之后，世界上第五个独立研制并发射人造地球卫星的国家。

你好！我是东方红一号卫星，我是乘坐长征一号进入太空的，在轨工作了 28 天。直到今天我仍在太空中飞行哟！

72 面体　　　无线电发射机　　　重量级卫星

我又大又重！

我的身体是近似球形的 72 面体，这可以使我不断闪烁，成为夜空中最亮的"星"！

我身上还有一台无线电发射机，从太空可以发送《东方红》歌曲到地球，家用收音机就可以听到。

我的重量达到了 173 千克，比前四个国家发射的第一颗卫星的重量加起来还重。

小朋友们，你有什么好方法能把东方红一号卫星带回来吗？

苹果熟了会掉到地上，是因为苹果受到了地球的万有引力。

卫星之所以能围绕地球高速运行，不会飞出去也不会掉下来，这是因为卫星受到地球的万有引力刚好提供了卫星绕地球旋转的向心力。

万有引力

　　18 世纪，伟大的物理学家牛顿发现了万有引力定律，指出任何有质量的物体之间，都存在着一种相互吸引的力的作用。

* 万有引力的大小与两个物体的质量成正比，与它们之间距离的平方成反比。

物理课堂

什么是向心力?

这时候绳子的拉力就是向心力。

用绳子一头绑着一个小球，然后甩起来做圆周运动。

向心力

我转动得越快，所需要的向心力越大!

如果没有了拉力，绳子也就松了，小球就没办法保持旋转了。

那我就不能旋转啦!

要使一个物体做圆周运动，这个物体就需要受到一个指向圆心的力，那就是向心力。

卫星也是一样，只不过卫星和地球之间的"拉力"就是万有引力，这个力正好可以使卫星围绕地球轨道运行，既不会飞出去也不会被吸进去。

生活中有哪些向心力现象？

现象 1

爸爸，我在绕着你飞。

你怎么也会飞？

对呀，因为我在拉着你。

向心力

现象 2

花样滑冰中，男女运动员手拉手在冰面上旋转，表演着各种优美的动作。

向心力

小实验

把一根绳子系在纸杯上，纸杯里装上水，然后快速地旋转绳子，使杯子围绕你的手做圆周运动，看看杯里的水会不会洒出来。

卫星轨道，是指卫星在太空中运行的轨迹，一般都是椭圆形的。

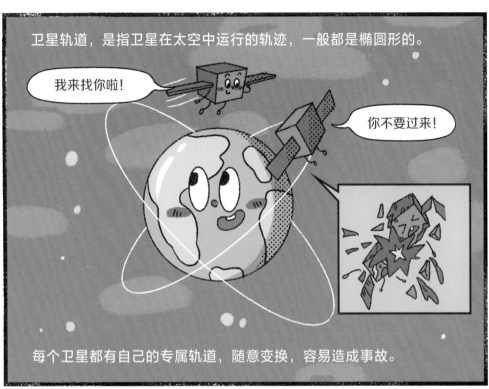

每个卫星都有自己的专属轨道，随意变换，容易造成事故。

根据卫星运行的高度，卫星轨道分为低轨道、中轨道和高轨道。

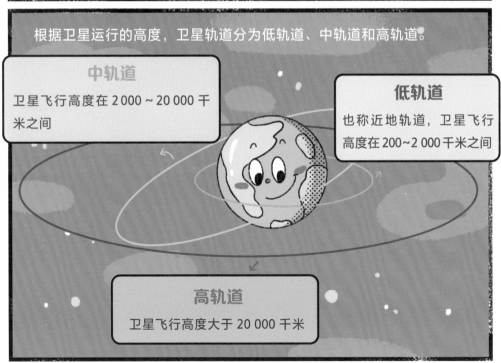

别忘了，地球是一个球体，我们可以 360 度环绕地球运行，而不是都集中在一条平行线上。

我的轨道是横着的，你的呢？

我的轨道是斜着的。

我们每个卫星的轨道都是不一样的！

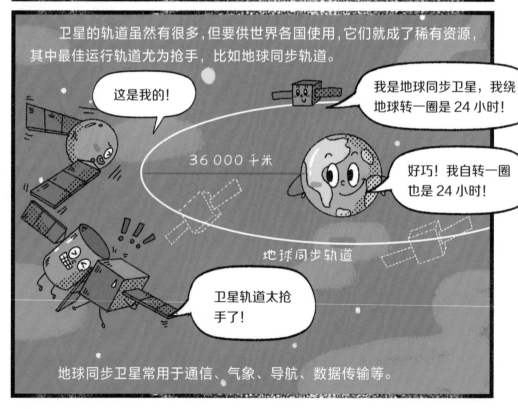

卫星的轨道虽然有很多，但要供世界各国使用，它们就成了稀有资源，其中最佳运行轨道尤为抢手，比如地球同步轨道。

这是我的！

我是地球同步卫星，我绕地球转一圈是 24 小时！

36 000 千米

好巧！我自转一圈也是 24 小时！

地球同步轨道

卫星轨道太抢手了！

地球同步卫星常用于通信、气象、导航、数据传输等。

在太空中飞行的卫星必须遵守太空中的交通规则，按照目前的国际法，任何国家在发射本国卫星前，都必须向国际航天管理组织登记备案。

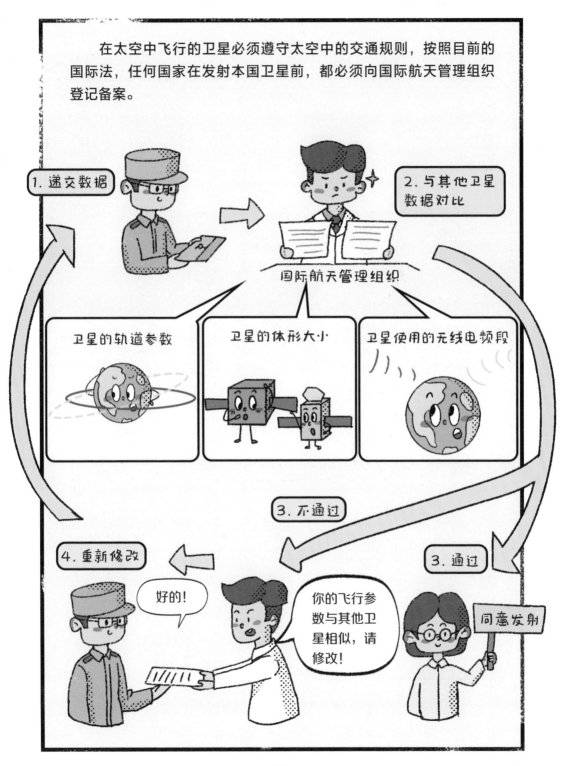

史上首例卫星撞击事故

 2009 年 2 月 10 日，美国"铱星 33"在西伯利亚上空撞上俄罗斯已经报废的"宇宙 -2251"卫星，这是人类历史上首次卫星撞击事故，也是迄今为止人类航天史上唯一一次卫星与卫星相撞事故。

撞击点

铱星 33 运行轨道

宇宙 -2251 运行轨道

西伯利亚上空约 800 千米处

铱星 33
· 美国商用通信卫星
· 重约 560 千克
· 1997 年 9 月 14 日发射

宇宙 -2251
· 俄罗斯已报废军用通信卫星
· 重约 900 千克
· 1993 年 6 月 16 日发射

此次撞击产生了大量残骸，有 2 000 多块太空碎片。

第四章

太空中也会有垃圾吗？

20

从 1957 年人类的第一颗人造卫星升空至今，地球上空至少飘着 1.7 亿块大小不一的碎片。虽然太空垃圾个头儿都很小，但它们速度极快，一旦这些碎片不小心撞击了正在工作的航天器，就会给航天设备带来严重的危机。

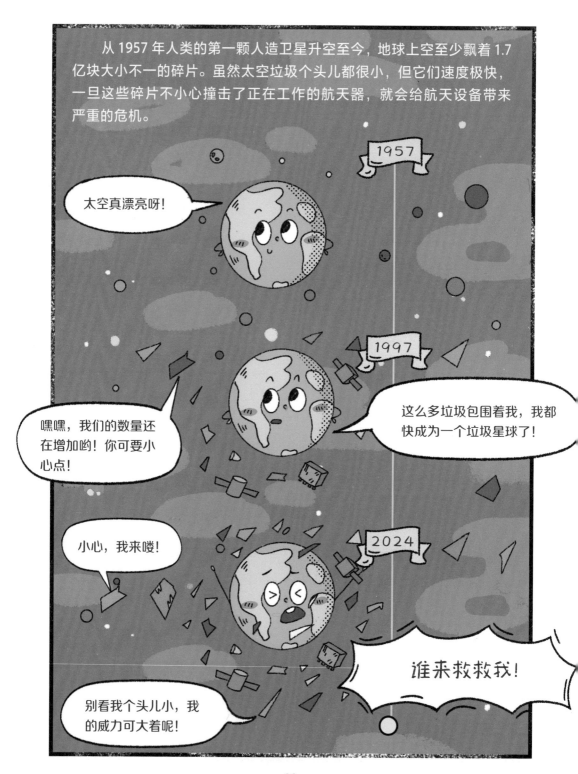

在日常生活中，我们的生活垃圾需要分类。

太空垃圾按照尺寸，一共可分为三类：大碎片、危险碎片和小碎片。

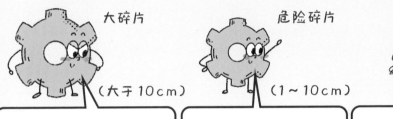

大碎片　　　　　　危险碎片　　　　　　小碎片
　　　　　　　　　　　　　　　　　　　（小于1cm）

（大于10cm）　　　　　　（1~10cm）

我的威力可大了！我可以将航天器完全摧毁！

被我撞上相当于车祸现场！我可以将航天器撞得四分五裂！

我虽然很小，但也能损坏航天器，让它"坏掉"。

救命呀！

我没法儿工作了！

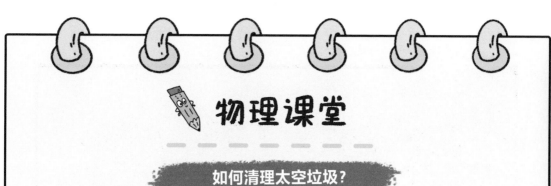

物理课堂

如何清理太空垃圾？

其实，卫星相撞的概率非常低，可能只有几亿分之一。太空垃圾才是卫星面临的最大威胁。有什么方法能清除太空垃圾吗？

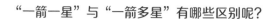

"一箭一星"与"一箭多星"有哪些区别呢？

卫星小朋友，请上专车，我们出发喽！

到站啦，快下车吧！

大家不要急，排好队上车！

到第一站了，你先下车吧，我还要送其他卫星呢！

我一次只能带一颗卫星上天。

我可以带好几颗卫星上天！

这样一来，不仅提高了发射效率，而且降低了发射成本。

一箭多星

是一种用一枚运载火箭搭载多颗卫星，将它们同时或者按照先后顺序送入地球轨道的技术。

当火箭达到一定轨道速度时，释放相应的卫星，从而使一颗或者多颗卫星能按照预定速度进入相应的轨道。

2023 年 6 月 15 日，长征二号丁运载火箭在太原卫星发射中心点火升空，以"一箭 41 星"的方式，将 41 颗卫星准确送入预定轨道，创造了我国一箭多星发射的新纪录。

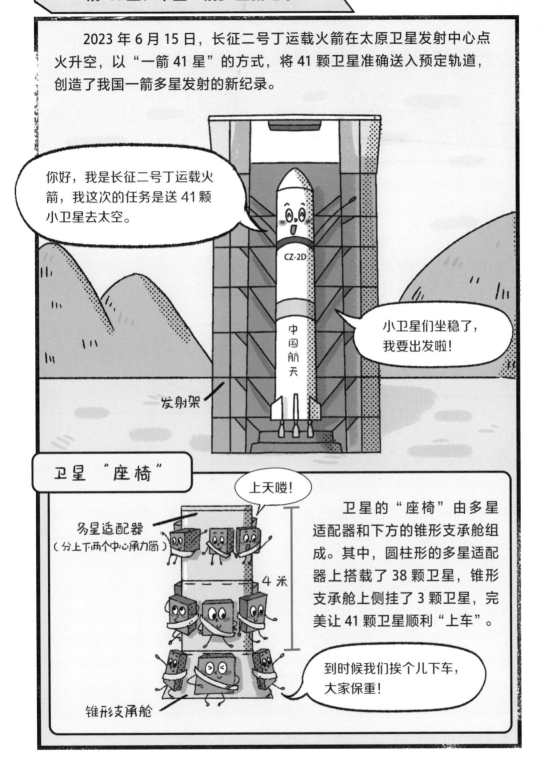

你好，我是长征二号丁运载火箭，我这次的任务是送 41 颗小卫星去太空。

CZ-2D

中国航天

发射架

小卫星们坐稳了，我要出发啦！

卫星"座椅"

上天喽！

多星适配器
（分上下两个中心承力筒）

4 米

锥形支承舱

卫星的"座椅"由多星适配器和下方的锥形支承舱组成。其中，圆柱形的多星适配器上搭载了 38 颗卫星，锥形支承舱上侧挂了 3 颗卫星，完美让 41 颗卫星顺利"上车"。

到时候我们挨个儿下车，大家保重！

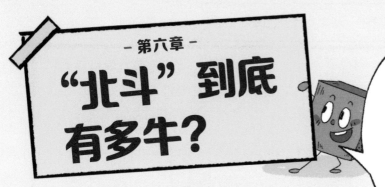

- 第六章 -
"北斗"到底有多牛？

北斗三号卫星导航系统是由3颗GEO卫星（吉星）、3颗IGSO卫星（爱星）和24颗MEO卫星（萌星）组成的。它们各自有什么特点呢？让我们来认识一下吧。

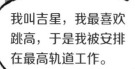

我叫吉星，我最喜欢跳高，于是我被安排在最高轨道工作。

而且我也是北斗系统中最高大的一种。

吉星

目前我们只有3颗。

我站得高，看得广！

36 000 千米
地球同步轨道

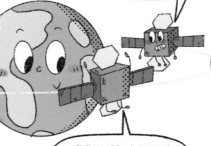

我也在 36 000 千米高的轨道上工作，只不过我的轨道是斜着的。

我们和地球是同步转动的哟！

"吉星"单星信号覆盖范围很广，3颗"吉星"就可实现对全球除南北极之外绝大多数区域的信号覆盖。

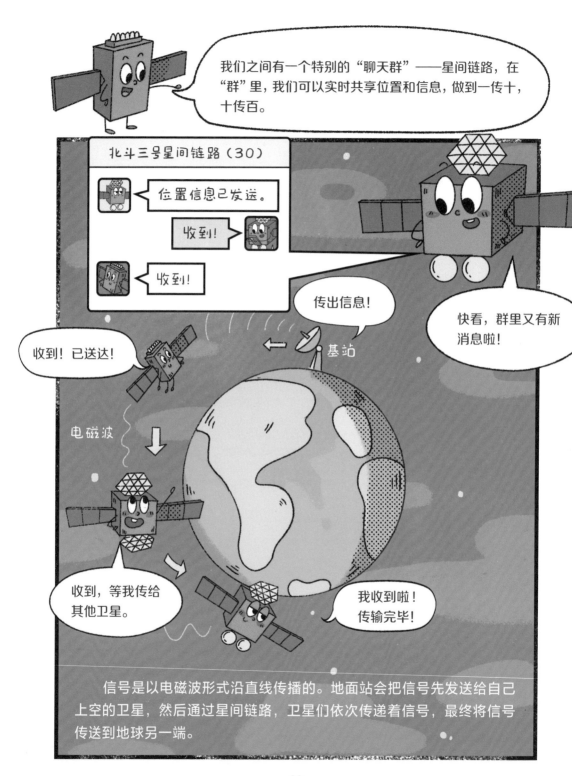

信号是以电磁波形式沿直线传播的。地面站会把信号先发送给自己上空的卫星，然后通过星间链路，卫星们依次传递着信号，最终将信号传送到地球另一端。

　　我们只需要接收到 4 颗卫星的定位信息，就可以确定我们所在的位置和时间。一般情况下，我们头顶至少有 8 颗北斗卫星在运行，它们的定位能精确到厘米。

四星定位（卫星定位）

　　以卫星为球心，到目标物为半径画球，球相交的位置就是目标人物所在的位置。

北斗系统可以实时获取我们的位置信息，并将这些信息传输到地图应用程序中。通过这些应用程序，我们可以查看自己目前所处的位置、导航的目的地、规划路线等。

北斗系统授时，是从北斗卫星上获取标准的时间信号，将这些信息通过各接口传输给需要时间信息的设备，从而使整个系统达到时间和日期的同步。

北斗系统具有精密授时功能，可向用户提供 20 ~ 100 纳秒时间同步精度。

北斗系统的秘密武器——短报文功能

短报文功能是指在没有任何信号的情况下，人们可以使用北斗接收机直接发送短信到北斗卫星，北斗卫星再将短信转发给接收方的功能。在亚太区域，短报文通信每次最多可发送1 000个汉字。

在国际搜救、地质勘测、户外探险和野生动物保护等众多领域，短报文通信都发挥了重要作用。

汶川地震时，通信基站受损，北斗的"短报文"功能成为灾区与外界关键通信桥梁。

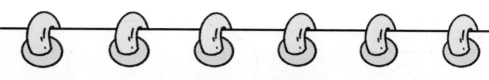

物理课堂

从观察太阳的升落到日晷,再到机械钟、石英钟,人们对时间计量的精准度要求越来越高。

日出日落为一天

日晷一天会产生约10分钟的误差

机械摆钟大约一天产生1秒误差

石英钟大约十天产生1秒误差

我叫原子钟,是目前世界上最精准的时间测量工具!我可是几百万年都不会差1秒的哟!

原子钟作为北斗的"心脏",它的每一次跳动都决定着北斗系统定位、测速和授时功能的精度。

牛!

原子钟的原理

原子中的电子从一个能级跃迁到另一个能级的时候,频率很稳定。以这个频率作为钟摆就能得到非常精准的时间。

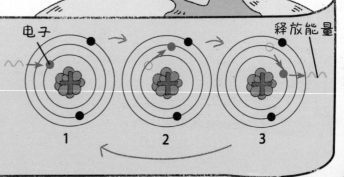

电子

释放能量

1   2   3

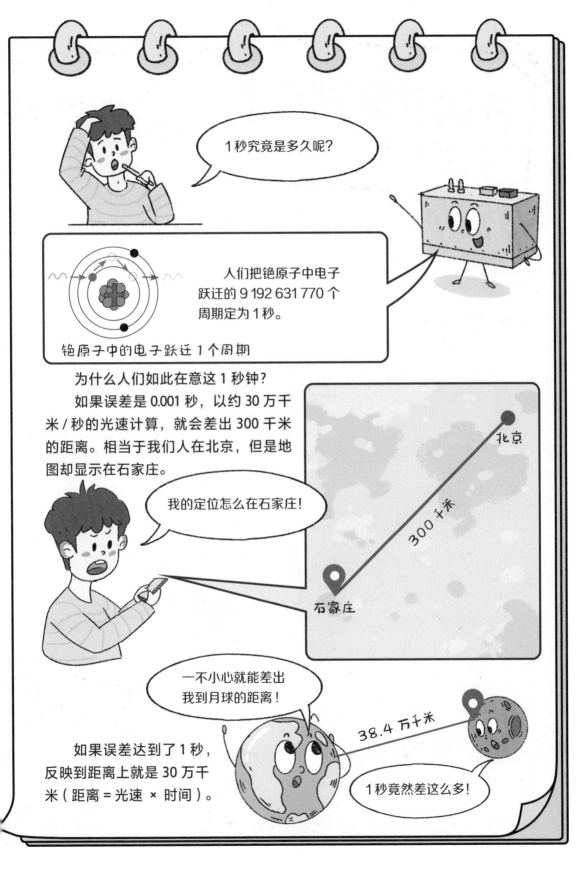

1秒究竟是多久呢？

人们把铯原子中电子跃迁的 9 192 631 770 个周期定为 1 秒。

铯原子中的电子跃迁 1 个周期

为什么人们如此在意这 1 秒钟？

如果误差是 0.001 秒，以约 30 万千米 / 秒的光速计算，就会差出 300 千米的距离。相当于我们人在北京，但是地图却显示在石家庄。

我的定位怎么在石家庄！

北京

300 千米

石家庄

一不小心就能差出我到月球的距离！

38.4 万千米

如果误差达到了 1 秒，反映到距离上就是 30 万千米（距离 = 光速 × 时间）。

1 秒竟然差这么多！

原来，我们的生活早就离不开卫星了。

物理课堂

卫星通信有什么优势？

同样是打视频电话，地面通信与卫星通信传输信息的方式完全不同。

地面通信

手机　　　基站　　　　光纤　　　　基站　　　手机

卫星通信

通信距离远，覆盖面大，通信质量高。

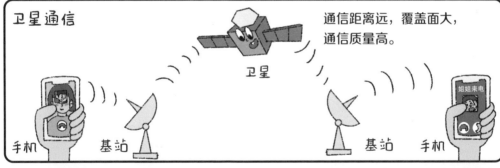

卫星

手机　　　基站　　　　　　　　基站　　　手机

卫星通信可以覆盖全球任何地区，无论是深山、岛屿还是极地等偏远地区，都可以实现通信。

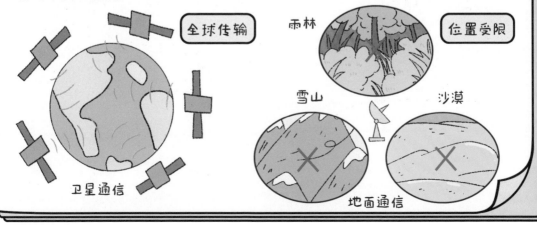

全球传输　　　雨林　　　位置受限

雪山　　　沙漠

卫星通信　　　地面通信

大鹏哥哥，卫星寿命到了怎么处理？

　　卫星寿命到期后，就成了无用的太空垃圾，一般有两种处理方式，一种是"天葬"，另一种是"火葬"。

　　有些卫星距离我们地球非常远，所以这些卫星可以一直在太空中飘浮。当它们的寿命快终结时，会在地面控制站的操控下点燃发动机，把自己推到离地球更远的墓地轨道上。进入墓地轨道以后，卫星什么也不干，只是绕着轨道一圈又一圈地转动。它们可以绕轨运转数百年而不掉下来。这种方式就叫"天葬"。

　　还有一些飞得低一点儿的卫星，因为离地球比较近，寿命到期后会脱离原本运行的轨道，逐步向地球靠拢，并以非常快的速度进入大气层，和大气层发生剧烈的摩擦，最终焚烧殆尽。这种方式就叫"火葬"。

墓地轨道

燃烧吧！青春！

我距离地球挺远的，我还是去墓地轨道吧。

大鹏哥哥，一颗卫星的寿命是多少年？

不同的卫星设计寿命不同，人造卫星的寿命与许多因素有关，例如卫星本身材质、空间环境、轨道高度等。一般低轨道卫星寿命都比较短，高轨道卫星寿命相对较长，这主要是因为轨道越高，大气阻力越小，卫星损耗越小。

在地球同步轨道上运行的卫星，设计寿命通常为 15 年左右。而近地轨道卫星的寿命通常几年到十几年不等。

编委会